商业处方

老胡 × 郭楠 ◇ 著

中国铁道出版社有限公司
CHINA RAILWAY PUBLISHING HOUSE CO., LTD.

图书在版编目（CIP）数据

商业处方 / 老胡，郭楠著. — 北京：中国铁道出版社有限公司，2020.11
ISBN 978-7-113-27248-7

Ⅰ.①商… Ⅱ.①老…②郭… Ⅲ.①品牌营销 Ⅳ.①F713.3

中国版本图书馆CIP数据核字（2020）第167564号

书　名：	商业处方 SHANGYE CHUFANG
作　者：	老胡　郭楠

责任编辑：	马慧君	读者热线：	（010）51873005
封面设计：	刘　莎		
责任校对：	王　杰		
责任印制：	赵星辰		

出版发行：中国铁道出版社有限公司（100054，北京市西城区右安门西街8号）
网　　址：http://www.tdpress.com
印　　刷：中煤（北京）印务有限公司
版　　次：2020年11月第1版　2020年11月第1次印刷
开　　本：787 mm×1 092 mm　1/32　印张：5.25　字数：85千
书　　号：ISBN 978-7-113-27248-7
定　　价：49.00元

版权所有　侵权必究

凡购买铁道版图书，如有印制质量问题，请与本社读者服务部联系调换。
联系电话：（010）51873174
打击盗版举报电话：（010）63549461

序一

高樟资本创始人、CEO 范卫锋

感谢郭楠的邀请,很荣幸能够为此书作序。本书所承载的不仅仅是诸多备受关注的商业案例,更是一部波澜壮阔的消费升级史。

2014年,我当时在证券时报社(目前是人民日报金融传媒集团)从事投资工作,有幸成了蓝鲸财经的天使投资人。通过这一契机,我有幸结识了徐安安、李武、郭楠等人,并成为非常要好的朋友。郭楠给我的印象很深刻——一个看上去如此瘦小的女生,把蓝鲸浑水的新媒体经营得风生水起,通过行业报道、社群搭建、策划大型活动等渠道,在国内媒体行业形成了巨大的影响力,也使得蓝鲸浑水成了当代中国新媒体行业的标杆之一。后来我从证券时报社出来,创立了高樟资本,专注于内容生态优质项目的投资,在这一过程中也受到了不少蓝鲸浑水的启发和帮助。

在过去二十年中,我个人实现了从内容生产者到内容投资人的角色转变,也完整经历了我国人民群众精神消费升级的过程。从书籍、报纸、杂志、广播和电视,到后来的微信公众号,再到后来的短视频和直播,在这一轮又一轮的技术周期迭代中涌现出了无数驾驭变化的创造者。本书中所提及的很多人,比如,军武科技的曾航、菠萝斑马的宋冰等,都是我很要好的朋友,他们曾经都是普普通通的"文人",但抓住了时代赋予的红利,凭借着自身独特的才华,成功转型成了优秀的企业家。我相信,去了解这些企业家们的故事,去倾听行业发生过的变化,就是在逐渐认清未来的路,而《商业处方》这本书便是完成这一过程的最佳选择。

作为面向未来的投资人,我个人不相信任何所谓的"历史终结论",而是相信"江山代有才人出,各领风骚数百年"。我坚信,在这片土地上仍然有无数优秀的创造者正在酝酿着新的变革,他们也将开创精神消费的全新时代!

我始终期待着!

序二

知名主持人、火星演讲会创始人 马丁

几年前,我思考过如何做好新媒体,总结下来要具备"三个头",修炼笔头、修炼口头、站在潮头。

我从法律系学生到教师,从新浪的新闻评论员到北京卫视的主持人,赶上了门户网站的"黄金时代",也有幸获得过新闻界最高荣誉。

从传统媒体到新媒体,我感受最深的是,传播媒介的改变,它让每个普通人都可以拥有自己的受众。但观众的选择越来越多,也让内容的竞争压力越来越大。

2018年6月,我开始创业,做了火星演讲会CEO,从事演讲培训。听了更多企业家的故事,不管是从他们身上感受到的,还是作为创业者本身,都更深刻地体会到了创业维艰。

我爱人一直在做新媒体,去年在她的带动下,我也试过电商直播,4小时的电商直播和做4小时的访谈完全不一样,直播带货需要主播面对所有观众都保持亢奋状态,很难。

　　作为创业者、主持人、新媒体人,我最想与大家共勉的一句话是:不管遇到什么艰难的境况,都要保持破局而出的勇气,每一步都脚踏实地,尽力做到极致,等待下一个机会。

　　这本小书从新媒体领域到消费领域,分析运营策略,希望能给正在商业道路上探索的你,带来更多灵感与启发。

从一个公众号到一家公司

商业处方（共5册）——①

目录

01　给宝宝讲故事，一年融资 1.2 亿美元　　004
02　靠漫画估值 2.2 亿元的混知　　006
03　把都市传说拍成电影　　008
04　辞去 50 万年薪，通过写作实现轻创业　　010
05　趣味电商——公路商店　　012
06　5 000 万军武迷的好物商城　　014
07　一位时尚女博主决定自建品牌　　016
08　艾格的零食铺子　　018
09　聚焦卧室黑科技，卖出 10 万个颈乐枕　　020
10　2 200 万人的心理医生　　022
11　3 000 万人耳朵里的"男朋友"　　024
12　微信上的二手车生意　　026
13　十点读书的线下书店探索　　028
14　从一个公众号到 100 家新中产实体店　　030

01
给宝宝讲故事,一年融资1.2亿美元

品牌背景: 从给宝宝讲睡前故事开始,到2019年累计融资1.2亿美元,"凯叔讲故事"完成了从儿童睡前故事到儿童教育内容服务的转型。

用户问题: 从儿童睡前故事到儿童教育内容服务,凯叔做了哪些创新业务?

2013年，凯叔从中央电视台离职，次年4月创立凯叔讲故事。这家公司的第一部作品《凯叔西游记》，是凯叔一个人花了3年时间，写了70万字，又浓缩成40万字，录成音频故事，很多用户就是通过这个故事认识并喜欢上凯叔的。

从儿童故事切入0~12岁儿童教育内容服务，上线了"凯叔讲故事App"，包含20 000多个故事、7 000多节亲子和儿童教育课程，用户平均收听时间达70分钟。

凯叔讲故事最有创新的产品是"随手听"，随手听产品具有防水、防摔、方便随身携带、不依靠互联网、多场景下交互体验等特点，可有效减轻孩子对手机的依赖。看着像故事玩偶，大小类似盲盒。以"西游记"系列为例，唐僧、孙悟空、猪八戒、沙僧、小白龙，集齐5个玩偶可以听全137集故事，让孩子"乐中学，学中乐"。

02

靠漫画估值2.2亿元的混知

品牌背景：2019年底，混知完成3 000万元战略融资，公司估值达2.2亿元。混知通过漫画将知识大众化，为用户提供知识产品和服务。

用户问题：混知是如何完成从公众号到知识矩阵转型的？

混知最早主号——混子曰,通过知识类漫画成为头部后,没有止步于此,而是细分了最有商业前景的几大垂直类市场,如教育,吸引更精准的粉丝进行垂直转化。混知是早年间的新媒体矩阵化经过几年发展后的典范。

公司目前有混知(百科、历史),混子谈钱(经济、金融),着迷小课(K12教育),混子谈命(健康)4个漫画号,粉丝规模约800万。

在2019年公司营收的4 000万元中,知识产品、商务广告、电商占比为5:4:1。知识产品就是通过混知主号衍生出来的书籍、课程及周边产品。其中的《半小时漫画》系列丛书自2017年上市以来总印量超1 000万册。

03

把都市传说拍成电影

品牌背景: 2016年5月,魔宙开始在公众号更新《夜行实录》系列,聚焦犯罪题材、神秘事件,发布半虚构故事,将故事 IP 化和视频化。

用户问题: 魔宙内容 IP 化的核心目标是什么?

前有《白夜追凶》等IP的开发案例，后有《北洋夜行记》系列产品开发案例，都显示出魔宙IP化的核心目标是影视化（包括电影、电视剧、网剧等）。影视的孵化周期较长，在这期间就可以围绕这些原生内容进行图书、漫画、有声书等衍生产品的开发。

魔宙公司目前已出版《夜行实录》《夜行实录2》《北洋夜行记》《消失的搭车客》《白色记事簿》等图书，《夜行实录》《北洋夜行记》系列销量均在10万册以上，并进入影视剧本阶段。

有声书方面，与喜马拉雅合作开发《夜行实录》播讲；与酷我合作开发的《北洋夜行记》广播剧，邀请演员王刚播讲。

04

辞去50万年薪，通过写作实现轻创业

品牌背景：毕业两年半，粥左罗从新媒体编辑一路做到年薪50万元的内容副总裁，靠的是写作。2018年3月，大多数人认为公众号流量殆尽时，他裸辞创业，依然选择了公众号这条路。

用户问题：如何通过写作完成用户获取与转化？

粥左罗的核心——根据自身经验总结的写作技能。公众号定位于个人成长，爆款频出，聚拢了近百万粉丝。

依靠公众号文章吸引的精准用户，粥左罗开通了知识星球（知识星球是一款付费工具，用户付费加入社群，获取社群文档及讨论内容）、写作训练营、音频课程，年营收1 000万元。其中21天写作训练营，完成了5 000名学员培训。

截至目前，粥左罗的公司依然是轻运营，十余名成员分工负责公众号写作、社群运营、课程研发三个核心职能。

05

趣味电商——公路商店

品牌背景：公路商店主打青年文化，通过内容电商切入场景式购物体验。选品主打视觉吸引力、渠道稀有性、趣味独特性、品质感，主营酒类、香水、书籍。目前有300+精选海内外品牌，致力于打造用户信赖的生活工具。

用户问题：除了有感染力的文案和选品，公路商店在电商领域的竞争力还有哪些？

公路商店有一套独一无二的分类、引导和检索方式,而有感染力的文案反映出产品背后的逻辑和价值观,即公路商店如何定义商品的价值。公路商店靠着这些聚拢了一大批消费者。购物平台的设计方式直接反映了平台的"导购方向",比如,刚性需求、海量商品、促销活动。

随着网络的发展,用户从订阅一本商品杂志,根据引导进行线下购物,转变为线上购物。公路商店的平台为读者提供了有用的信息,使读者能够系统性地了解身边不同文化圈的青年所喜爱的妆容、衣品、设备以及各类酒文化,也能了解青年所喜爱的电影、有影响力的书单以及各种户外生存指南,种草后在这里能够一键购买。

06
5 000万军武迷的好物商城

品牌背景：北京光速时光网络科技有限公司是一家军事网络视频制作公司，主打栏目是《军武次位面》。《军武次位面》定位于军事内容，从军事文化品牌发展至男性消费品牌。公司于2019年1月完成5 000万元的B轮融资。

用户问题：军武商城怎样通过内容，打入男性消费市场？

《军武次位面》最早是通过军事短视频吸引用户，受众是年轻军事迷，目前全网粉丝有5 000万，其中男性粉丝占比达90%。

2017年上线"军武优选"商城，起初是买手平台，随后切入男性消费领域的自主品牌建设。产品定价不高，主打热销的腰带36元、T恤89元、运动鞋199元，服装销量占平台总销量的70%。

2019年"军武优选"商城单月流水突破1 000万元，电商注册用户60万。"军武优选"商城90%以上的成品销售给了粉丝，粉丝3个月之内的复购率达50%。商城库存周转天数控制在30天，退货率小于5%，严控成本。目前公司从工厂定制的自主品牌商品销量占比达50%。

07
一位时尚女博主决定自建品牌

品牌背景：时尚公众号"黎贝卡的异想世界"创办于2014年10月。在做自营电商之前，黎贝卡曾创下4分钟卖光100辆MINI COOPER的记录。2017年黎贝卡上线自有服装品牌。

用户问题：自建品牌需要注意哪些关键环节？

"黎贝卡的异想世界"品牌主理人黎贝卡曾是《南方都市报》的娱乐记者,公众号创办之初得到许多明星转发支持。因为细腻的文案、可观的带货能力,黎贝卡被粉丝称为"买买买女神"。

2017年年底,黎贝卡上线了自己的服装品牌,主打经典简约款,销售渠道主要为小程序商城,面向20岁到40岁的女性。除了生产环节委托工厂代工外,从款式设计,到找面料、找工厂、打版,都由自己的团队完成,以保证关键环节的质量。

其中,打版最烦琐。为了让衣服穿在高矮胖瘦身材不同的人身上都合身,每一件衣服至少打版15次,而一件衣服的生产周期要3个月。除服装外,2019年黎贝卡在天猫上线了自有首饰品牌,首饰单价200元左右。

08

艾格的零食铺子

品牌背景:"艾格吃饱了"经历了从美食内容,到美食爱好者社群,再到自研零食品牌的发展过程。2019年3月,公司完成A轮融资,投资方为硅谷银行资本和澎湃资本。

用户问题:从美食内容到零食品牌的发展路线是什么?

相比于广告盈利模式,"艾格吃饱了"更倾向于为快消食品品牌提供咨询盈利、成为自研零食电商盈利。

通过美食测评内容,"艾格吃饱了"从关注者中征集了近 3 万名美食爱好者,组成了"没事干研究院"社群,从中征集美食建议。

通过内容和社群双驱动,"艾格吃饱了"打造自有零食品牌、时令礼盒。2017 年,推出的端午粽子礼盒,销售额达 300 万元。除了端午粽子礼盒、中秋月饼礼盒,还有凤梨酥、桃子冻顶乌龙、厚切肉脯、小麻花、青梅饼、黄油蛋卷、香芋脆片等零食,品类达上百种。这些食品在小程序、天猫、京东、盒马等渠道上线,用户复购率约 40%。

09
聚焦卧室黑科技，卖出10万个颈乐枕

品牌背景：最早"菠萝斑马居住指南"定位于家居内容品牌。2018年年底，"菠萝斑马居住指南"完成千万级A轮融资，公司也完成了从内容品牌向消费品牌的升级。

用户问题：从内容品牌到消费品牌，菠萝斑马的发展过程是怎样的？

如何提高家居审美品位？怎么找到适合自己的装修风格？最早，"菠萝斑马居住指南"凭借"不用敲墙挖地也能升级家居"的内容，从知乎导入了1 000位种子用户。

在2017年"菠萝斑马居住指南"获得高樟资本投资时，创始人宋冰就确定了从家居内容品牌到产品品牌的发展路线。让消费者在看过消费指南后，能马上买到种草的产品。在2017年的一次内容电商尝试中，定价1 000多元的床单，卖出了百万元的流水。

2018年年底，"菠萝斑马居住指南"完成千万级A轮融资后，公司也实现了从媒体——内容电商——自营卧室家纺——科技睡眠健康品牌的转型。399元的软管填充颈乐枕全网销售10万个。除功能外，可机洗、可速干的产品特点，充分迎合当代年轻人希望方便省时的喜好。

10

2 200万人的心理医生

品牌背景： 壹心理是心理服务平台，其内容渠道有网站、App、公众号矩阵，通过内容吸引潜在用户。2011年创立至今平台注册用户2 200万，其中70%是女性。

用户问题： 壹心理如何通过内容切入心理咨询服务？

目前壹心理付费用户约 300 万，90% 的收入来自心理课程、咨询、测评，月流水达千万元。

课程聚焦两性情感、心理健康，大部分标价 99 元。单个爆款课程营超过 10 万人报名，营收 400 万元。咨询热门类目是婚姻家庭，入驻咨询师 500 位，客单价约 500 元。测评如潜意识画像、原生家庭伤痛评估等，单价约十几元。这些付费产品同时开放多渠道分销。

从 2019 年开始，壹心理发起"盘古计划"，将自有线上咨询系统开放给其他咨询机构，带动原有业务向心理咨询线上平台转型。

11

3 000万人耳朵里的"男朋友"

品牌背景:程一电台是一家情感音频类新媒体。2018年2月,程一电台获得微影资本的千万元级Pre-A轮融资。程一电台在酷我、蜻蜓FM、喜马拉雅、网易云音乐等主流音频平台累计播放量已经超过60亿,2019年年底独家签约酷我。

用户问题:音频新媒体如何通过UGC(User Generated Content,用户生成内容)扩展内容?

作为程一电台主理人,程一曾以"耳朵里的男朋友"这个概念切入,定位让音频内容更易于理解。截至目前,程一电台全网3 000万粉丝中,约90%是青年女性。

在内容上,程一电台形成了PGC(Professional Generated Content,专业生产内容)和UGC共同构成的内容生产体系——30%的内容由电台原创产出,70%的内容则来自听众。听众提供的内容先由程一团队收集评估,再进行改编录制。这种内容生产体系,将内容出发点回归用户,贴近用户需求。

目前,公司收入主要来自广告、付费内容、"西柚主播学院"。

为了走进校园用户,程一电台还会定期发起高校论坛。学生也会付费参加培训,培训后有机会成为签约主播,进行情感咨询和直播等工作。程一电台累计孵化约500位主播。

12

微信上的二手车生意

品牌背景：吱道二手车于2017年9月获58同城A轮融资，并与58同城共建二手车评级体系；2018年10月获腾讯B轮投资，目前估值1.7亿元。

用户问题：二手车生意如何从线上走到线下？

吱道二手车创始人李三吱,曾是知乎二手车KOL(Key Opinion Leader,关键意见领袖),做过汽修行业,当过人人车互动运营总监,2016年开始创业。从二手车保养测评视频切入,在B站、微信公众号、抖音等渠道的粉丝有数百万。

2017年,吱道二手车在北京落地实体汽修店,自建汽修技师团队,真正做到二手车交易全链条把控,找车、检测、装备、物流一体化,成本大幅度降低,一辆汽车从北京运到新疆,物流只需要2 700元。

吱道二手车通过线上流量引导线下交易,用公众号回收旧车、发布出售信息。在收入方面,二手车交易汽修服务收入和广告收入各占一半。

2020年,吱道二手车将在石家庄、青岛等城市落地更多实体汽修店。

13
十点读书的线下书店探索

品牌背景：十点读书由林少创办，拥有国内用户规模最大的文化类微信公众号，有图文、音频、视频、图书、社群等多种形态内容产品。2018年在厦门开设第一家线下书店，2019年开设第二家面积约2 000平方米的旗舰店。

用户问题：十点书店的经营模式是什么？

十点书店公众号粉丝75万,线下会员7万,75%的会员为25~40岁女性。书店以经营图书、好物、咖啡为主,图书、好物、咖啡营收占比约为5∶4∶1。

十点书店把线上的流量引流到线下,再通过线下内容吸引用户到线上,形成流量闭环。自营板块以主题选书、精选好物、咖啡甜品、线下课程作为主要产品,以线下零售、社群分享、直播和内容电商为经营模式。用户可以在书店使用小程序找书、扫码点单,用更加便捷快速的服务体验留住用户。

同时,十点书店也在线下增加品牌合作。十点书店中华城店融入了十个生活类品牌,包含红酒、餐饮、绿植、饰品等,不仅可以提供全天候、全场景的用户体验,还增加了营收,这些品牌的收入约占全店营收的一半。

14

从一个公众号到100家新中产实体店

品牌背景:"一条"公众号创始人徐沪生曾是《外滩画报》的主编,2015年创办"一条"公众号,一天一条视频,15天用户就突破了100万。2018年9月,"一条"公众号转战线下,开办实体店,线下客流成为新的流量入口。

用户问题:"一条"公众号如何通过线下客流反哺线上流量?

2016年,"一条"公众号上线电商"一条生活馆",覆盖2 500个品牌、10万件商品,商品种类包括服饰、美妆、家居、食品等,客单价约500元,电商注册用户400万,单日最高销售额近1亿元。

2018年9月,"一条"在上海同时落地三家实体店,随后落地南京、济南、北京、杭州实体店。实体店多入驻大型购物中心,因为购物中心本身可以筛选出精准客流。

客人扫描商品旁边的二维码,获取商品信息,关注公众号还能领优惠券,因为实体店商品基本来自线上渠道,线下客流可以自然转化到线上。

"一条"通过线上和线下引流,完成了短视频、内容电商、新零售的进阶性闭环运营。

社交媒体爆火品牌

商业处方（共5册）——②

目录

01	完美日记通过小红书快速打造 KOC	004
02	HFP 一款国产精华液的国际一线底气	006
03	古风国货花西子的流量玩法	008
04	600 年的故宫文化吸引年轻人的关注	010
05	泡泡玛特让年轻人自愿消费	012
06	江小白文案总能引起共鸣	014
07	元气森林靠 0 糖气泡水占据社交媒体	016
08	钟薛高的雪糕购买者络绎不绝	018
09	单身粮获得年轻单身群体的钟爱	020
10	王饱饱让年轻人重视早餐	022
11	书亦烧仙草让年轻人进入烧仙草的世界	024
12	茶颜悦色只开在长沙,却火遍全国	026
13	精品咖啡市场里三顿半靠"调戏"赢得用户	028
14	大白兔的跨界转型给国货品牌留下机会	030

01
完美日记通过小红书快速打造KOC

社交爆品:Discovery 12色动物眼影盘。

营销核心:利用素人进行推广,增加真实性;通过头部主播推火爆品,增加曝光率。

完美日记创立于2016年，其创始人黄锦峰为御泥坊前COO。

完美日记的营销策略是先找少量明星定格调，再找大量素人推广，给人一种"身边的姐妹都在用、感觉不错、推荐给你"的真实场景。

完美日记深耕小红书，到2020年5月，粉丝近200万，有25万篇相关笔记，官方账号主要发布化妆教程。小红书用户本身就有分享欲，通过官方账号种草后可以带动素人晒单传播，形成大量品牌KOC（Key Opinion Consumer，即关键意见消费者）。

完美日记定价贴合学生，下单会收到客服微信号，客服的人设是"美容顾问"，引导用户入社群复购。一旦发现产品有爆品潜质，如与Discovery联名的12色动物眼影盘，就加大产品投放和利用头部主播推广，比如，与带货一哥李佳琦合作推小狗盘眼影，炒热话题。

02
HFP一款国产精华液的国际一线底气

社交爆品：原液精华系列。

营销核心：初期通过公众号投放，强化成分概念；后期找明星代言，提升品牌调性。

HFP，HomeFacialPro，寓意是在家也能用的专业护肤品，主推原液精华系列。

2016年HFP上线，主打成分概念，强调各成分的专属功效，如"玻尿酸"对应保湿，"烟酰胺"对应提亮，"寡肽"对应修复。HFP将研发团队定义为"研发师""配方师"。

HFP在红利期投放了大量优质KOL的公众号，包括护肤、情感、时尚、文化类内容，用不同角度的深度文章"教育"市场，公众号的长文性质更利于强化成分概念。同时测试转化好的账号和文案，再复投其他产品。

知名度打响后，公众号投放文案统一用"HFP内购福利"，用优惠码直接导入购买。

2018年，HFP邀请王一博代言，王一博的粉丝群体和HFP用户画像符合，收效可观。

护肤品很难像口红、眼影等化妆品快速见效，为了解决这一难题，HFP在抖音上通过美妆大V亲测，以背书效果。

03
古风国货花西子的流量玩法

社交爆品：雕花口红。

营销核心：强调国货美妆的古方渊源,通过独特造型的口红打造爆品。

花西子创始人花满天，曾经是百雀羚的运营总监，2017年在杭州创办了花西子。作为创始人，花满天一直很低调，很少宣传自己，只突出强调花西子的品牌文化。

作为国货美妆，花西子文案强调古方渊源，借古代女皇、公主、太后的养颜配方，推出玉容三花遮瑕盘、玉女桃花粉、螺子黛首乌眉笔等产品。在产品质量方面，粉扑用天鹅绒、粉筛选真丝，营造娇贵的品质感。

2018年，花西子在小红书上选择了大量素人做推广，主打颜值爆品开箱试色，比如，雕花口红、百鸟朝凤眼影，吸引了不少忠实的粉丝。为强调不添加孕妇慎用成分，宣传女星张嘉倪孕期使用同款，还推出了5月9日准妈节，消费满额送婴儿用品，精准圈粉。

2019年3月，花西子请李佳琦带货，最终爆单；2019年5月，请"四千年一遇美少女"鞠婧祎代言，恰逢鞠婧祎古装剧上映，东方美人与产品调性高度切合；2020年1月，花西子邀请气质女星杜鹃代言，吸引成熟女性用户。

04
600年的故宫文化吸引年轻人的关注

社交爆品：故宫口红。

营销核心：故宫本身具有巨大的 IP 价值，厚重古老的文化融入年轻人喜欢的软萌搞怪元素。

2014年，故宫淘宝发了一篇《雍正：朕就是这样的汉子》的文章，很快被刷屏，与之匹配的文创产品"朝珠耳机""顶戴花翎官帽伞"等上架后圈粉无数。

故宫淘宝很擅长找梗，走的是产品本位、扎实做货的路线，以创意取胜。热销品多在100元以内，口红99元、香膏6元。2020年开售盲盒，59元售价，淘宝月销量上万个。

同为故宫IP，2018年年底，口红事件带火的故宫文创，走了另一条路线——通过联名强化IP。

故宫推出口红之前，就有用户用故宫推出的古风花纹贴纸粘口红壳，或是受此启发，2018年年底，故宫文创推出故宫口红。

与故宫淘宝不同的是，故宫文创产品单价稍高，如300多元的海错图书本灯，258元的故宫猫陶瓷杯等。

05
泡泡玛特让年轻人自愿消费

社交爆品： Molly 盲盒。

营销核心： 成年人的安慰剂，闲鱼上的二手盲盒倒卖生意。

泡泡玛特创始人起初是做创意百货的，2016年，发现很多年轻人喜欢Molly，就签约了该IP设计师量产。2019年，基于Molly开发的收益达4.56亿元。

泡泡玛特是最早用盲盒概念的，通过未知的乐趣刺激玩家，用可爱的造型满足成年人的少女心，填补了潮玩女性用户市场的空白。

泡泡玛特官方微博被叫作"官妈"，粉丝把收藏交流称为"养娃、晒娃"；在小红书上推娃柜，把可以容纳上百个娃娃的娃柜叫作"娃别墅"，把本无生命的娃娃拟人化，以寄托人的情感。

泡泡玛特擅长通过限量款盲盒升值炒热话题。一个系列12款，有1/144的概率抽到第十三个隐藏款。原价59元的盲盒能炒到2 000元以上，宣传玩家投入几十万元在盲盒上，塑造发烧友文化。

泡泡玛特还会通过抽取盲盒技巧，给玩家制造话题。线下门店、无人零售机自带品牌宣传。不仅线下抽取盲盒有仪式感，线上小程序、天猫店购买同样强调这种仪式感，增加情趣。

06
江小白文案总能引起共鸣

社交爆品： 情人的眼泪（江小白兑雪碧）。

营销核心： 通过饮酒情绪、兑酒喝法，让年轻人找到白酒的饮用场景。

江小白好不好喝？大家各有看法，但作为2015年因为UGC文案刷屏的营销"奇才"，江小白很懂年轻人的传播点。

传统白酒市场基本饱和，拼价格拼不过有几十年口碑的牛栏山，拼文化拼不过茅台、五粮液，因此，江小白不得不独辟蹊径，靠着不一样的文案和营销，一部分年轻人开始因为情绪愿意尝一口江小白。

江小白的文案其实有点QQ空间签名的味道，把生活、爱情、亲情、友情融入文案中，使得江小白有了一点不一样的调性。

要长久留存，还要在口感和喝法上迎合年轻人，为此，江小白推出了只有23度的苹果、桃子味高粱酒，也推广了10度的柠檬气泡酒，甚至在抖音上还衍生了"情人的眼泪"——江小白兑雪碧，白酒像洋酒一样兑饮料喝，稀释度数，补充甜味。

07
元气森林靠0糖气泡水占据社交媒体

社交爆品：0糖气泡水。

营销核心：有甜味的0糖气泡水，兼顾口感和健康。

在元气森林出现之前的无糖饮品市场，大部分是无气茶饮，没有甜味，而有甜味的无糖气泡饮料，长期被零度可乐、零卡雪碧占据。因为碳酸饮料的"不健康"固化印象，使得这个市场出现了空白——有没有一款饮料，兼顾零卡、口感和健康？

元气森林就是在这样的诉求下，以0糖苏打气泡水的定位出现在各大便利店和精品超市。在电商时代，元气森林线下营收占总营收的70%。虽然0糖苏打气泡水定价比无糖可乐高2元，但对便利店和精品超市用户来说，这个价格并不难被接受。

0糖苏打气泡水中代糖用的是赤藓糖醇——一款目前基本无负面报道的代糖。偏"小清新"的包装设计：白色底色、青瓜和蜜桃，都给人以清爽的感觉，"元気"在日语中是健康有活力的意思，也会传导出健康的品牌印象。

08
钟薛高的雪糕购买者络绎不绝

社交爆品：瓦片雪糕。
营销核心：用外观占据高端雪糕市场。

钟薛高的创始人不姓钟,姓林,曾操盘过中街1946雪糕。

钟薛高品牌名来源于"中国雪糕"的谐音,独特的品牌名、瓦片样的中式造型圈粉无数。钟薛高雪糕约15元一支,比一般雪糕价格要高,但只相当于一杯普通奶茶。钟薛高雪糕不走折扣路线,反而强调"除了贵啥都好"。

面对顾客网上买雪糕怕化的心态,钟薛高强调融化包赔——突出冷链技术。而10支起卖保底客单价。

2019年"双十一",钟薛高1小时售出10万支雪糕;再往前看,2018年"双十一",定价66元的"厄瓜多尔粉钻"雪糕15小时卖出2万支。

钟薛高除了有海盐、黑巧、抹茶、茉莉等网红口味,还测试鱿鱼雪糕、燕窝雪糕、断片雪糕等新奇口味,利用口味营销,创造媒体曝光。

钟薛高还通过联名刺激消费。2020年3月,钟薛高联名娃哈哈推出"未成年"雪糕,通过佟丽娅等大V转发,引发大量传播,激发自然流量,最终创造了1 700万微博话题热度。

09
单身粮获得年轻单身群体的钟爱

社交爆品:"单身粮"薯片。
营销核心:强调单身人群的零食文化。

这是一款通过包装和文案走红的薯片。

只要路过便利店零食区的人,都会对单身粮的包装印象深刻——黑、白、灰三个色系的新款零食,狗狗头像上面是"单身粮"三个扎心大字。便利店人流量有多少,广告就传达给了多少人。

2018年,单身粮完成1亿元销售额,只投入了25万元的广告费用。

便利店和单身粮锁定的都是单身标签的用户,有很高重合点——年轻有消费能力,并且愿意为创意甚至一句文案买单。单身粮薯片定价比常规品牌高几元,但有便利店购买习惯的用户,对几元的差价并不敏感。

单身粮并不是只做薯片,而是想抓住单身客群。在薯片火了之后,迅速推出速食"撩面",找李佳琦带货,增强单身标签记忆点。

10

王饱饱让年轻人重视早餐

社交爆品：大果干代餐麦片。

营销核心：强调烤麦片不上火的"品类差异"，锁定早餐场景，用海量素人"种草"。

王饱饱创始人姚婧曾是一位美食KOL，创办品牌前，姚婧分析了大部分社交平台上的美食帖，一开始就定下内容"种草"的营销思路。

姚婧没有选用常见的裸麦片、膨化麦片，而选定了烤麦片这一品类，提炼出了与以往麦片类产品的差异——口感更好，不上火。麦片中还添加了肉松、抹茶、草莓干、大块酸奶、坚果等网红感元素，营造高档感。

营销方面，姚婧更看重腰部KOL"种草"。除常规渠道，也在Keep上推减脂、在小红书上推宿舍便食、在下厨房上推早餐等标签。食用方面，推牛奶、酸奶、干吃等吃法，迎合年轻人希望有营养又不发胖、方便、颜值高的诉求。

11
书亦烧仙草让年轻人进入烧仙草的世界

社交爆品：招牌烧仙草。

营销核心：主打"半杯都是料"的实惠概念，定向投放抖音区域美食号。

书亦烧仙草主打"半杯都是料"的实惠概念。招牌烧仙草先加仙草、椰果、红豆、珍珠、葡萄干、花生碎,再冲半杯奶茶。果茶款烧仙草先加半杯爱玉、芋圆、椰果、西柚,再加半杯葡萄汁。喝奶茶不用吸管用勺子——这个特质让用户记住书亦烧仙草的料多。

书亦烧仙草在小红书、抖音推隐藏菜单,抓住年轻顾客的个性诉求。在抖音的广告投放时没有选择美食大V,而是集中投放二三线城市美食号,比如,山东威海、江西九江、广东惠州,KOL粉丝黏性更好,"种草"后可以直接引导购买,还能吸引当地加盟商。

12
茶颜悦色只开在长沙,却火遍全国

社交爆品: 幽兰拿铁(奶油顶奶茶)。

营销核心: 塑造耿直的真诚人设,用做星巴克的方式做奶茶。

2013年,茶颜悦色起步于长沙,2019年年底,长沙直营店达200家,成为地标式品牌,并始终坚持直营。

为了打击高仿店,茶颜悦色的小票上写着:任何加盟商都是骗子!我们已经赚了一点钱,准备起诉。也因此在社交媒体上,以真诚人设圈了大量粉丝。

在产品服务上,茶颜悦色对标海底捞,提出"一杯鲜茶的永久求偿权",任何时间走进任意一家门店都可以要求重做。

茶颜悦色的饮品单和星巴克有些神似,招牌也并非奶盖茶,而是中茶西做,主打"鲜茶+奶+奶油+坚果碎"。奶油顶成品很适合拍照,用户晒单照片也基本聚焦这一点,引发了海量自传播。

茶颜悦色还通过喝法营造仪式感:一挑、二搅、三品,帮助用户表达出喜爱、尊重的情感。

13
精品咖啡市场里三顿半靠"调戏"赢得用户

社交爆品:"拇指杯"速溶冷萃咖啡。

营销核心:缩小咖啡杯,鼓励拍咖啡包装图片;回收咖啡杯,支持环保。

三顿半咖啡成立于2015年，尝试过挂耳、手冲、滤泡咖啡后，最终在速溶咖啡领域凭借迷你咖啡杯包装走红。

三顿半咖啡主打产品是3秒速溶冷萃咖啡，不用搅拌也可以不留残渣，特别强调了便利性——可溶于冰水和冰牛奶。单价约5元一颗。

因为包装是迷你版咖啡杯，三顿半还在小红书、微博等社交平台，发起了咖啡杯拍照、咖啡杯再利用等晒图活动，引爆社交媒体。

2018年8月，三顿半入驻天猫旗舰店，获得平台扶持。同步开展回收咖啡杯活动，用户可以用空杯兑换礼品，强调环保理念；用赠品和卡片等形式引导线下用户关注公众号，进而提高复购率。

14
大白兔的跨界转型给国货品牌留下机会

社交爆品：大白兔香水。

营销核心：怀旧香甜味的联名营销。

作为60岁高龄的国货品牌大白兔，靠"七颗大白兔奶糖等于一杯牛奶"的概念在20世纪红遍全国。而真正让大白兔重回年轻一代视野的，是近两年的跨界网红营销。

2018年8月，大白兔与美加净推出联名润唇膏，78元两支，瞬间卖出920支。

2019年4月，大白兔与快乐柠檬开了联名快闪奶茶店，20元一杯的奶茶被黄牛炒到480元一杯。

2019年5月，大白兔与气味图书馆推出联名香氛套装，10分钟售空14 000件。

大白兔还与光明联名推出大白兔雪糕、大白兔牛奶，与乐事推出联名奶糖味薯片。

可以看到，大白兔作为奶糖元素，主要提供奶糖的香甜气味，生产方还是联名合作方。依靠这种联名影响，大白兔在年轻人心里"种草"。

在快手带货的无限可能

商业处方（共5册）——③

目录

01 直播卖房的临沂房地产经纪人   004

02 26岁白手起家的发电玻璃厂"厂长"   006

03 每天一条轧面条视频涨粉百万   008

04 一晚卖出10万条牛仔裤的石家庄老板娘   010

05 从月薪1 500元到年入200万的宠物医生   012

06 开拉面馆的人也赚到钱了   014

07 两元店的加盟套路   016

08 快手上的创业直播讲师   018

09 植发、生发的生意经   020

10 谁在网上买黄金   022

11 10元一支的口红被谁买走   024

12 卖出上千个防臭地漏的装修师傅   026

13 雕刻肥皂花的云南手艺匠人   028

14 卖水果不新鲜,卖树苗新鲜   030

01

直播卖房的临沂房地产经纪人

适用范围:房地产行业获客。
盈利方式:获客介绍费。

房地产行业获客成本在千元以上,在快手平台上,有一批本地说房号,分为视频看房、选房百科、说房达人、租房故事四类,基本覆盖了房地产行业的带看、讲解环节。

其中,最精准的本地号,如临沂新房团购、沈阳二手房、海南别墅等,平均粉丝在2万左右。不需要长得好看、不需要口才很好,只需要通过高频直播解答买房问题——最好用本地方言,就能增强本地客户的信任感,获得介绍费。

直播看房还在一定程度上扩展了客户范围,降低了异地置业投资的门槛。

主播收入来源,除返佣外,也可以通过搭配看房推家装以获取提成。

2020年4月,在快手商家号举办的直播活动中,家装品牌尚品宅配的3小时直播,收集意向客源上万,相当于其线下门店200天的获客。

02
26岁白手起家的发电玻璃厂"厂长"

适用范围：厂家直播招募供应商。

盈利方式：代理商培训费、代理加盟费、出货利润。

"22岁做光伏销售,26岁白手起家创业,从事光伏行业11年,一辈子只做光伏发电。"这就是快手上的一位有50万粉丝,只做光伏发电玻璃的"厂长"的介绍。

厂家3 500元培训费管吃管住,代理商覆盖山西吕梁、辽宁阜新、河南平顶山、河北廊坊等地。代理商培训后,按照乡镇级12万元、县级25万元、市级50万元制订季度销售目标。

厂家通过直播招募代理商,挖掘加盟意向,同时直接把有安装需求的普通顾客,在直播时对接给地方代理商。

03
每天一条轧面条视频涨粉百万

适用范围：厨房小家电。

盈利方式：面向普通消费者的产品利润。

从2019年7月至2020年4月,快手达人"金刚芭比"通过每天发一条面条机使用视频,不到一年快手粉丝近200万。

粗面、细面、菠菜面、胡萝卜面、火龙果面,视频不讲解面条机原理,而是传递很轻松就能在家做面条的场景。

"只要把面和水倒进去,不用和面、擀面"——强调方便;"自己做,没有添加剂"——强调健康;"可以做13种面条,还有饺子皮、馄饨皮"——强调实惠。300个视频,说的话与画面几乎一样,我们把这种方式,称为"洗脑式种草"。

就是依靠普通人的"洗脑式种草",这个快手小店销售商品2 100件。

这种方式适用于厂家直销,也适用于代理商出货。

04

一晚卖出10万条牛仔裤的石家庄老板娘

适用范围：服装厂家、淘宝店主、服装店主。
盈利方式：服装销售利润。

淘宝店曾经省去了卖家的店租,但这些省去的店租,又以直通车、淘宝客的形式交了出来。近几年直通车、淘宝客的费用成为店家越来越负担不起的存在。

陈蕊在石家庄有一家裤装厂,从2018年6月在快手直播至今,拥有近500万粉丝。陈蕊靠短视频打出自产自销、源头工厂的定位,实拍厂房、上身效果。每天晚上7点到11点直播,一条爆款牛仔裤一晚可以卖出10万条。

原来在淘宝上一条百元的裤子,在快手上卖70元就可以实现相同的利润,而且快手粉丝会更看重主播店家的推荐,一旦认可就会成为回头客。

这种带货方式可广泛应用于服饰厂家、淘宝店主、服装店主等群体。

05

从月薪1 500元到年入200万的宠物医生

适用范围：专家知识类，如宠物医生、牙医、美发师等。

盈利方式：问诊费、课程费、相关产品电商费用。

在快手，20万粉丝不算大主播，但垂直领域有20万粉丝就可以有不少的收入，因为垂直领域的转化率很高，如果单个粉丝一年有5元的转化，20万有效粉丝年收入就达100万元。

28岁的安爸是执业兽医师，从2014年开始在快手发养宠物的科普视频。视频导流了13个个人微信号，每次发完快手视频都会转发到朋友圈，通过点赞、评论量提高视频推荐概率。

安爸的盈利模式是：18元一次的问诊，在知识付费平台做课程收费，做电商带货月销6000斤狗粮。

类似的专家类职业还有牙科大夫、美发技师等，都可以切中科普点，以塑造专家人设、吸引精准粉丝，开通问诊、做课程、做电商，引流变现。

06

开拉面馆的人也赚到钱了

适用范围：餐饮培训加盟说话技巧。

盈利方式：学徒费、餐饮配方及配料费。

在快手上搜"拉面",你会发现,看到最多的不是美食,而是加盟招商、培训招生。

此类视频大致分为四类:客似云来的拉面店,拉面、刀削面技法,学徒锦旗挂满墙,创业励志语录。这些视频中有完整的引导说话技巧:我开了一家很赚钱的面馆,拥有专业的技法,带过很多学生,年轻人应该闯天下——可以来找我学。

以一位"甘肃拉面哥"举例,学费4 000元,包教包会、包吃包住。通过直播的形式,增强潜在学员的信任感,兼直播卖货,如汤料、削面刀、拉面蓬灰、辣椒等。

这种手法通用于餐饮类培训加盟。

07
两元店的加盟套路

适用范围：小商品的生产厂家。
盈利方式：批发小件商品给各地客户。

山东临沂，被称作物流之都。得益于发达的物流，临沂两元店配货生意一直很火爆。

之前由于信息封闭，物流不发达，小商品拿货一直比较难。货量少，怕不给批；人在外地，也不值得专程去一趟。现在物流发达了，这种状况有了很大的改善。

在快手上也有一些临沂当地的批发商，做起了两元店加盟生意。说是加盟，其实类似大批发商散批给个体户。

和之前批发商不同的是，现在的批发商做起了直播，直播会转化一批潜在客户。

"如果你家里有小轿车、三轮车，如果你不想打工，想自己做点小生意，请别错过。"一句朴实直白的引导语，吸引了不少关注，视频下有几百条评论，都是"我要开店"。

过年摆摊卖年画、宝妈每天摆摊2小时、50岁也能干……这些话语把潜在下沉用户的画像再具体化，打消客户疑虑。文具店、五金店、两元店……对于有店面的客户给出更精准的批发场景。

年画两毛、头花三毛，强调投入成本低。主播通过视频按时"种草"摆摊想法，再通过直播固化。

08
快手上的创业直播讲师

适用范围：培训机构、个人讲师。

盈利方式：线上课程、线下培训、教材费、售卖相关器材。

随着直播带货、电商带货的兴起，快手作为出货效率最高的平台之一，吸引了大量商家入驻。除了原本的商家外，还衍生了一个新行业——创业直播讲师。

在快手付费内容广场，某个标价99元的涨粉课、电商爆粉课购买人数近3万，课程总时长只有40分钟。这在常规知识付费平台中，是相当不错的转化数据了。

值得注意的是，快手用户与之前大部分知识付费平台用户的重合度很低，所以这批用户很大一部分能成为下沉知识付费潜在的客户。

电商、商业、营销讲师，用通俗的语言，手把手从零开讲，注册商家号、挂购物车、设置优惠券……一步步教用户学会如何开店、如何吸粉、如何运营。

在不少人的认知里有一个误区——这个知识点太简单，不值得讲。但对于很多小白用户来讲，从零到一，比从一到十更刚需。

09
植发、生发的生意经

适用范围：植发、医美等相关厂家。

盈利方式：售卖假发、护发防脱产品、植发到店、培训植发技师等。

2019年,国家卫健委发布的脱发人群调查显示,我国脱发人群已超2.5亿,平均每6个人中就有1个人有脱发症状。在现实生活中,脱发梗也成了很多人的自嘲梗。

快手上关于脱发的生意,主要分为三类:一是素人实测防脱产品,带货洗发水、健发梳;二是到店植发,主播以专家身份出镜;三是假发片、补发纤维,主播以美发师身份出镜。

其中防脱修护洗发水的"套路"最深。在淘宝原价上线,298元一套,在快手打出99元直播价,直播时鼓励顾客去淘宝搜原价,怎么看都是主播带货价格更低。

这里的短视频盈利方式主要有带货、植发培训、导流门店,带动了护发、养发、美发、植发、生发等一系列生意。

10
谁在网上买黄金

适用范围： 高净值产品，如黄金、奢侈品、表、包。
盈利方式： 二手回收、销售、再加工。

网上买黄金,最怕什么?估计很多人都会回答:怕买到假货。

淘宝店卖黄金,如果不是品牌旗舰店,很难获得买家信任。

但直播带货时代,主播会通过高频次的直播塑造信任感,直播场所也常设在实体门店、商场专柜,日常发布视频以展示黄金饰品、成交票据、佩戴效果为主。

更难获得信任感的是二手黄金的回收寄卖,为了解决信任难题,主播还会晒大量的快递盒、成堆的金条、称重检测工具,以及日常回收的不同款式金饰等,营造真实交易氛围,增加信任感。

11

10元一支的口红被谁买走

适用范围：美妆、护肤源头厂家。

盈利方式：代理商批发、普通用户零买。

很多男性以为女性用的口红很贵，实际上，一支最热销的迪奥999口红，官方正品价格也不过250元。化妆品、护肤品的生产成本都不高，推高价格的重头是渠道和营销费。

快手时尚扶持了很多美妆源头工厂、美妆商品。截至2020年4月，美妆工厂有好货总计有44.5万个账号。账号一般是××爱护肤、××教美妆，8元一盒的面膜、10元一支的口红、20元一盒的粉底……直播特惠价甚至更低。

很多微商转型，在线上做直播，塑造美妆护肤达人的人设，先从上游供应商拿货，客单量多了再自己找货。以某达人为例，在快手平台只有6万的粉丝，但一年出货量有3.5万件，转化率相当可观。

12

卖出上千个防臭地漏的装修师傅

适用范围：技术工人。

盈利方式：为本地装修队拉业务，线上售卖装修配件。

在玩快手之前，法宇只是一名普通的装修师傅，但现在他在快手上有200万粉丝，单场直播最高能转化50万元的销售额，另外，他还通过直播吸粉转化了上百个本地装修订单。

这类账号的受众是准备装修的户主、想学习装修的工人，直播主讲小户型改造、怎么预防卫生间反味等，在装修垂直领域，受众精准。

在法宇的小店里，卖得最好的是水龙头、防臭地漏、马桶、浴霸。法宇通过视频和直播种草，他走访厂家实拍上百个马桶，再讲解安装方法，这样即使粉丝不是本地用户、暂时没有装修需求，将来有可能转化客单。

快手家居家装频道中有装修、壁画背景墙定制、水电开槽等项目，而最容易获得信任的就是技工师傅，技工师傅做主播不但能转化客单，也可以带货硬装、软装配件。

13

雕刻肥皂花的云南手艺匠人

适用范围：手艺匠人。

盈利方式：订制服务、刀具机器、培训学徒、标品。

在快手上，除了我们熟知的木雕、核雕、玉雕等雕品之外，还有肥皂、树叶、蛋壳、西瓜……万物皆可雕。得益于地方旅游文化的发展，云南、贵州等地的雕刻作品，还可以与当地旅游纪念品相结合，定制独特的雕刻旅游纪念品。

此类视频的变现方式主要有四种：卖刻好的标品、卖定制服务、卖刀具机器、培训收徒。主播分为两类：一类是本地手艺人，一类是地方商贸公司。

其中最常用的一套模式是，通过雕刻视频引流，并用"月销30万个""一小时学会，每天能赚400元"的语言，引导学员报线下培训。

14
卖水果不新鲜，卖树苗新鲜

适用范围：果苗、种子、饲料等，需要一段时间后才能看到成果的农产品。

盈利方式：售卖种苗、售卖产品，产品可以是自产的也可以是供货的。

在快手直播中，树苗、果苗也是很常见的带货生意，与其他品类不同，树苗有个比水果还难办的问题——种苗生长周期很长，如葡萄苗两到三年才能结果。如果买到假苗、次苗，对购买者的伤害不只是买苗的钱，还有几年的时间和精力。

在直播电商兴起之前，买家评估的维度只有评论；但直播电商兴起之后，不少买家是冲着对主播本人的信任才购买商品的。卖树苗、果苗的主播大多是从事种植业，自家有苗圃、果园的。视频拍摄的内容包括树苗、果苗修剪管理、成果的管理等。

从种植到收果，成果个大饱满，营造更全面、更真实的人设。当然主播除了卖树苗、果苗也会销售自家种的果子。

B站的流量玩法

商业处方（共5册）——④

目录

01 激发年轻人学习刑法热情的罗翔 004
02 挖掘流量的时政"自黑"类视频 006
03 拯救表情包的半佛仙人 008
04 激发撸串欲望的《人生一串》 010
05 比美剧还真实的剧情 012
06 放下对雷人自黑风格视频的防卫 014
07 有趣又不失真实的古装剧 016
08 非常有意义的黑色拼图 018
09 还是原来的 B 站 020
10 他赢得了年轻人的认可 022
11 看哭观众的爱情喜剧 024
12 我们为什么喜欢"雨天" 026
13 打动普通人的故事 028
14 无限重复的钉钉铃声 030

01
激发年轻人学习刑法热情的罗翔

相关背景：在bilibili（B站）有一个叫罗翔的老师，他通过短视频和年轻人分享刑法知识，引发大量关注。如今罗翔老师已是B站法律领域的头部UP主。

用户问题：罗翔老师为什么能激发年轻人学习刑法的热情？

估计罗翔老师自己都没有想到,会在B站走红,成了一个网红教授。

这一代年轻人求知欲旺盛,他们希望了解各种专业知识,在疫情期间,这种需求尤其突出。作为中国政法大学教授,罗翔老师的专业背景毋庸置疑,而幽默风趣的视频内容,结合段子讲解晦涩难懂的刑法知识,吸引了一批专业和非专业的年轻人观看。

罗翔老师的"张三"梗和我们书本上"隔壁小明"的逻辑差不多,蓝色的"××法考"背景没有让年轻人觉得厌倦,不时停下来喝水的自然动作也让他更为真实。相比于其他UP主精湛的后期剪辑技术,罗翔老师的拍摄设备和剪辑技巧都非常小白,也是这种真实吸引了一大批粉丝。

在新一轮核心用户的增长上,B站除了提供娱乐性的动漫和游戏视频外,还把知识性的学习视频作为内容方向,不过B站在扩充知识内容上和版权保护上还有很长的路要走。

02

挖掘流量的时政"自黑"类视频

相关背景：时政新闻从传统的纸媒到新闻客户端，再到后期编辑的短视频新闻咨询的转变，以及从静态内容转化到动态内容，反映的是用户需要更为直观地感受新闻内容，这种转变也是新闻咨询从 What 到 How 的转变。

用户问题：在 B 站，时政"自黑"这个品类如何通过内容连接年轻人？

不要说这一代年轻人不了解时政,他们只不过有自己的了解时政的方式——内容混编。把时政内容混编,后期加上年轻人喜欢的音乐旋律,形成差异性,用幽默"自黑"的方式表达出对世界的看法。

或许只有深入这个群体,才能够真正明白那些播放量和弹幕背后的年轻人,是如何去看待这个世界的。

同一内容的刷屏已经成为年轻人认知同频的最好表现方式,弹幕里出现的"泪目"两个字,比任何文字都能够表达他们看视频时的心情。这一代年轻人喜欢通过"自黑"的短视频方式,来表达出文字无法表达的态度和主张。

这一代年轻人关注的不只是游戏,他们认真起来比谁都认真。一个两分钟的视频拍摄100遍,为了一个两秒的镜头可能要争论很久,这就是年轻人的较真和执着。正是有他们的较真和执着才让我们在B站看到一个个有趣的时政"自黑"视频,混剪背后表达的是他们被我们忽略的生活态度。

03
拯救表情包的半佛仙人

相关背景：在公众号内容创业成功的半佛仙人，在B站华丽转身，通过混剪的镜头和独特的声音，不断揭露行业套路。虽然在B站里是个新人，却成了表情包的集合资源站。

用户问题：半佛仙人如何通过表情包打通趣味内容？

从图文领域到视频领域转型很顺的其实并不多，坐拥百万粉丝的半佛仙人是其中一个，他被戏称为"风控之光""投资界雷神"，而他自己喜欢别人叫他"半佛老师"。

在B站里，网络流行语得到了很多年轻人的认同，只有半佛老师能够将网络流行语串联在视频内容里而且不违和。半佛老师在短视频里使用了年轻人熟悉的词语，加上表情包和一些网感元素，体现他深厚的素材积累功底。

半佛老师的选题能力也是"杠杠"的。表面随意，可是内容基本都是互联网、财经和消费三个领域的，被检验过的商业热点再度传播，用通俗易懂、接近年轻人的语言讲解晦涩的专业名词，因为内容的通俗而受众群体变得非常广泛，这个方法值得内容创作者学习。

04

激发撸串欲望的《人生一串》

相关背景：一个打着"暗黑"标签的视频在B站火了，文案一度在朋友圈刷屏。到2020年8月，第一季的播放量超过7 000万，第二季度更为强势，播放量超过9 000万，这个视频就是《人生一串》——通过视频记录天南地北烧烤摊主五味杂陈的人生。

用户问题：《人生一串》是如何激发人的撸串欲望的？

如果说《舌尖上的中国》是把有代表性的各地美食记录下来，那么《人生一串》则是通过纪录片的方式让更多的年轻人了解到不同地方的烧烤以及背后的情怀。相比《舌尖上的中国》，《人生一串》更为垂直聚焦，也更符合B站的"Z世代"社区的定位。

视频里，导演烟嗓的声音与烧烤的画面十分般配，说不同方言的人们在镜头面前大快朵颐十分洒脱，也让看视频的我们忍不住想去自己所在城市的烧烤摊走一遭，如果再懒一点就打开手机外卖平台下单，无论如何我们都不会亏待深夜里自己那个"躁动"的胃。

在夜色下吃烧烤，能够让年轻人放下压力，每一口的咀嚼都是与生活最好的沟通，或许每个人都有自己熟悉的烧烤摊和爱吃的老三样。

《人生一串》更像是都市年轻人的深夜食堂，谁的青春里没有几顿烧烤回忆？想起那些曾经被烟呛得流泪的我们，看着视频里的他们，你会不会觉得有点熟悉！

05
比美剧还真实的剧情

相关背景：《派出所的故事》通过短视频的方式，真实记录了与社区连接的派出所发生的琐事以及派出所员工每日最真实的生活，比美剧更为普通和真实。就是这样一份真实的记录，让众多的年轻人通过短视频了解到在派出所这样的基层工作单位，基层民警工作并不轻松，他们靠日复一日的坚持，践行自己的使命。

用户问题：《派出所的故事》真的比美剧更真实吗？

在《派出所的故事》纪录片里，我们能看到不同岗位上的年轻人眼中的那份责任和坚持，帮邻居开个锁、帮老年人送个菜、帮无法及时下班的家长接个孩子等，用琐碎的小事践行自己的使命。

所谓的平安和谐，背后其实都是一些人的付出和坚持，派出所的基层人员就是付出较多的一群人。我们准备睡了，他们还在执勤；我们还没起来，他们已经做完了不少工作。我们可能无法感同身受每一个去派出所报案人的心情，但是我们知道这一个个案子可能不大，却关系相关社区的安全和稳定。

通过这样一部纪录片，B站的年轻人感受到了上海这座城市的独特文化，了解到了派出所民警处理案件的方式和过程。

年轻人通过弹幕参与互动，相比于只能看的传统电视剧更为有趣，就是以这样有料有趣的方式消除了误解与隔阂。

06

放下对雷人自黑风格视频的防卫

相关背景： 雷人自黑风格的视频是 A 站和 B 站等弹幕视频网站上一种常见的"原创"自制视频类型，它以声音高度同步、内容快速重复以及带有节奏感的 BGM（背景音乐）为其显著特征，由于娱乐性和较强的反差，在以"90 后"和"00 后"为核心的网生代群体中颇受欢迎。

用户问题： 在 B 站，雷人自黑风格视频是如何让年轻人放下防卫并接受它的？

雷人自黑风格视频采用娱乐的叙事结构，内容有视频的识别性特征，在 A 站和 B 站表现出相当大的开放性、交互性和分享性。运用混剪、拼贴等手段，结合热点事件，使用人物对白和混搭 BGM 后，就形成了雷人自黑风格视频。

雷人自黑风格视频的文化小众性尤为明显，多是选取经典影视剧、动漫、热播流行剧、综艺等题材，而明星和影视剧人物是素材的主要来源，采用错位、变形和置换的特效，以娱乐的方式来颠覆刻板印象和打破传统观念束缚。

雷人自黑风格视频传播功能大于思考功能，打破常规认知，使人看后有传播的欲望，也会让压抑的情绪释放，让人感受到所谓的文化新鲜感。

2019 年，B 站创作者一共上传 700 多个类似风格的视频，背后是部分年轻人共同兴趣爱好的折射和借助视频释放压抑情绪的需求。

07

有趣又不失真实的古装剧

相关背景：在B站有一些古装影视剧的混剪视频得到年轻人的喜欢，这些视频用身份、时间的差别，再搭配有较大反差的音乐，形成的雷人自黑风格，给年轻人枯燥的生活加了一点点料，大量熟悉混剪风的古装剧在B站得到了二次传播。

用户问题：雷人自黑风格古装剧如何在真实和趣味中寻找平衡？

大多数人对古装剧有一个刻板印象——端庄。相比于一本正经地看古装剧,如今的年轻人更愿意把古装剧的片段与他们的文化进行融合,形成雷人自黑风格的古装剧。

B站里的古装剧镜头多是混剪后再搭配上现代的音乐作品,我们会因为反差而情不自禁地哈哈一笑。观众对原剧情越熟悉,这样的反差越能引发关注。打破已有的认知所带来的超预期体验,是这类混剪风的底层逻辑和时兴玩法。

短视频内容的每一帧的卡点都深深烙在混剪制作者的脑中,他们已经对剧本镜头有了一定的认知,能切中观众的笑点,而古装剧混剪的效果好与不好,可以从弹幕的霸屏面积上得以体现。

雷人自黑风格古装短视频其实是当下年轻人亚文化的一种真实表现,B站古装剧混剪卡点文化也是当下年轻人对世界看法的自由表达。从另一个方面说,这样的短视频也让音乐作品有了新的诠释和新的延续。

08

非常有意义的黑色拼图

相关背景： 在B站有一个近80万播放量，125万点赞的视频——一个小伙子拼全黑色的拼图。他在网友的监督下，最终完成这张看似简单，而实际很难的黑色拼图。

用户问题： 看黑色拼图这样的短视频会不会觉得无聊？

玩过拼图的人一定知道，黑色拼图其实比有图案的拼图更有难度，因为黑色拼图是齿轮状的，每一块儿拼图看似一样，实际上却有一定的差别，不容易找到拼合点。黑色拼图比找茬游戏更难，很多人自己动手没几天就放弃了。

枯燥无趣的黑色拼图却让众多年轻人通过弹幕参与其中，年轻人的较真态度在拼黑色拼图时表现得尤为突出。看似枯燥的黑色拼图，却在视频里不断被分化，简单的事情背后往往隐藏着复杂的支撑体系——黑色拼图背后隐藏了以科学系统的方法寻找规律的态度以及年轻人在枯燥生活里希望找到一些踏实安全的愿景。

年轻人能够静下心拼黑色拼图，让我们看到了他们其实并没有那么浮躁。付出那么多时间去做一件看起来毫无意义的事情，这本身就是一件非常有意义的事情。

09
还是原来的B站

相关背景：B站早期给人留下的印象就是二次元和无厘头的内容居多,当然还有游戏直播。这两年的最大变化就是B站在去A站化,让更多元化的内容得以呈现,而UP主计划只是众多规划里最能够带动B站内容传播的方式之一。

用户问题：二次元的表达方式会在B站里消失吗?

一直关注B站的小伙伴,一定能够感受到这两年B站的内容变化,从2020年的《后浪》这个短视频就可以看出B站的新战略和它的内容野心。二次元和无厘头已经不能完全代表B站的内容,因而B站提出"年轻人潮流文化社区"的概念,想做成中国的YouTube。

目前,在B站里,二次元内容还居于核心地位,只是二次元的内容比例有了一些变化,越来越多非二次元的内容进入。但不管内容如何迭代,二次元的表达方式永远不会在B站消失。

当然会有一些老用户因为内容的迭代,觉得B站不再是从前的那个B站。脱粉也罢,坚持也罢,B站有自己的原则。无须过度担忧B站的未来,从一个小站走到如今的大平台,B站有自己的生存方式——年轻人的加入已经给出了答案。

10
他赢得了年轻人的认可

相关背景：在 B 站，有段视频是黄渤获得"最佳男演员"的剪辑，黄渤所演的一个个人物片段在屏幕中出现，满屏的弹幕都是"实至名归"，整个视频有 557 万的播放量。

用户问题：黄渤这样的明星是如何获得年轻人的认可的？

在B站，黄渤有很多年轻粉丝，其实在B站很少有这么多年轻人集中肯定一个明星，为什么是黄渤而不是其他人？从视频内容的角度分析，黄渤把底层小人物的那种真实和辛酸演绎得淋漓尽致。大多数年轻人认为，黄渤得最佳男演员称号是实至名归。

从出生那一天，名字就成为自己的特定符号，而不少人借助网名重塑一种新的人设。就像黄渤演的那些小人物一样，或许在生活里有诸多不如意，通过一个弹幕或者一个网名就能使得内心情绪得以短暂的释放。

每个人其实都不容易，只不过艰难的程度不一样。黄渤成为众多年轻人激励自己继续前行的偶像，这种偶像和单纯追星是有很大差别的，不少人从黄渤演绎的小人物中获取了坚持下去的勇气和力量——在最困难的时候，觉得会有人拉自己一把。

独而不孤的年轻人从黄渤身上汲取了力量。

11
看哭观众的爱情喜剧

相关背景：《爱情公寓》在 B 站有超过 12 亿的播放量，这部电视剧陪伴了很多年轻人的青春，有的人从高中追到大学，有的人从大学追到结婚，每个人在《爱情公寓》里都看到了不一样的人生，原本是一部爱情喜剧的《爱情公寓》，追到最后，不少人的脸上都挂满泪水。

用户问题：为什么《爱情公寓》这样的爱情喜剧，却看哭了无数观众？

一部喜剧定位的《爱情公寓》，却看哭了无数观众。看着曾小贤脸上的笑容慢慢少了、看着张伟总是做一些无意义的事情，兜兜转转，我们以为应该发生的事情都没有发生。或许你也在心里吐槽过，甚至骂过《爱情公寓》的编剧——每一次剧情都不按常理出牌，但仍然坚持看完。不可否认，《爱情公寓》陪伴了"90后"和"00后"的青春，每个人的10年在《爱情公寓》里都得到延伸。

　　如果说看《爱情公寓》前四季是在打发无聊的时间，那么第五季则是前四季埋下的芥末炸弹。10年的跨度，在剧终的那一刻，任何一个人的台词都能够戳中我们的泪点，看到曾经那么独立自由的他们，也被生活改变很多，我们都在《爱情公寓》里看到了另外的自己。

　　《爱情公寓》第五季开播就获得无数差评。慢慢地我们开始理解这一季为什么有那么多差评，因为我们都是用10年前的观感在看第五季，我们忘记了10年时间，忘却了我们的改变。

　　《爱情公寓》第五季让我们都看到了生活的真实，让我们还能够因为一句台词而泪流满面。

12

我们为什么喜欢"雨天"

相关背景:B 站里有一个关于雨天动漫画面的混剪视频,播放量破 300 万。从雨水出现的第一帧画面开始,到后面熟悉的"无脸男"的出现,一种治愈系的感觉扑面而来,这个视频特别适合忙碌到无法停下来的都市年轻人。

用户问题:为什么很多人喜欢"雨天"?

雨天这样一个特殊场景，容易让人伤感，在雨天拍摄的视频也容易引发观看者的同理心。等红灯的汽车上左右摆动的雨刷器、共享单车上被雨淋湿的饮料瓶、屋檐下躲雨的陌生人——每个人的手机屏幕里都有回不完的信息，再加上伤感的声音，把情绪渲染出来，让看视频的人想到自己经历过的类似场景。

从小到大每个人都会经历很多次下雨的场景，或多或少都会有一两个场景让你难以忘怀。这样一个内容原本非常普通的视频，却用这份普通把我们的回忆点燃，引起观众的共鸣。

视频开始阶段的短暂沉默就是最好的情绪连接，BGM成了最好的情绪催化剂，虚拟和现实场景在这个视频里得以充分体现，有些是我们想象的，有些是我们经历的，至于具体如何区分，答案其实就在我们心中。

13

打动普通人的故事

相关背景：在 B 站有这么一个视频，里面都是非常普通的文案，可是看完这些文案，大部分人都会泪流满面。成年人的崩溃就是一秒钟的时间，我们的生活原来早已隐藏在这些文字里面，只是我们不想去面对而已。

用户问题：什么样的故事才能打动普通人？

这个视频里的很多话就像是父母给我们的叮咛一样，朴实无华却又戳中泪点。并不是文案写得有多么感人，只不过是我们平时一直隐藏的情绪没有释放——生活总是让我们成为一个百度，让我们一直无所不能。看完视频后，我们也想无能一次。

把生活里的普通场景装进故事，然后通过具体的某个场景放大情绪，这样的故事更容易打动普通的我们。比如，一个中学生一直打着手机通信录的那个标签是"超人"的电话，她忘记"超人"爸爸已经去世6年。相信很多人看到这里都会心酸，也很心疼这个女孩。

有的人嫌父母唠叨，有的人想被父母唠叨却没有机会。生活确实没给我们太多，我们经常带着抱怨前进。远离家乡为梦想努力，有的梦想可能一辈子也没有实现，负债累累的同时看着父母老去。其实，这个视频是在告诉我们，要珍惜身边已经拥有的，偶尔也可以"无能"。

14

无限重复的钉钉铃声

相关背景: 在 B 站有个钉钉铃声的视频,铃声一直循环播放,弹幕上"害怕"两个字不断刷屏,该视频已达 60 万的播放量。

用户问题: 为什么重复的钉钉铃声却在 B 站火了?

重复的钉钉铃声看似枯燥，却非常符合当下年轻人的亚文化。B站的年轻人通过重复的钉钉铃声表达他们自己的文化价值。

钉钉重复铃声的魔性视频，其实是很多个场景的暗示。除了网课之外，只要和钉钉铃声相关的事件，都会因为这魔性的铃声而产生回忆。魔性的钉钉铃声背后也是众多年轻人苦恼不堪的网课生活，以及他们对繁重作业压力的一点自我解嘲。

也许你不能理解这个视频火在哪里，也许你会问这一代年轻人为何这么无聊？一个重复的钉钉铃声听了不觉得厌倦？未来可能越来越多的内容，你会不理解，因为这些内容代表了更年轻一代的独特文化符号。

紧跟当下年轻人和追逐年轻文化的最好方式，就是经常来B站看看相关视频。如果还没有账号就赶紧注册一个，没有B站账号你还好意思和年轻人一起玩？

消费领域新物种

商业处方（共5册）——⑤

目录

01	玩转国潮新茶饮的乐乐茶	004
02	细分酸菜鱼消费市场的鱼你在一起	006
03	马云亲点的易改衣的流量借势	008
04	熊本熊咖啡的 IP 流量变现经	010
05	吃喝研究所引领商超的差异化消费	012
06	毒 App 背后隐藏的潮流机会	014
07	备受年轻爱宠群体热捧的宠慕	016
08	结合萌系二次元年轻文化的小黄鸭点心茶楼	018
09	切入年轻人小酒市场的开山酒	020
10	把传统点心做得好看又好吃的于小菓	022
11	抓住女性包月租衣刚性需求的衣二三	024
12	北京 SKP-S 重新定义国内百货新零售	026
13	火遍社交媒体的乐纯酸奶	**028**
14	把睡眠这件小事慢慢做大的慕斯寝具	030

01
玩转国潮新茶饮的乐乐茶

品牌背景：LELECHA乐乐茶是"茶饮+软包"的新茶饮品牌。2016年12月，首家乐乐茶门店落户于上海五角场万达广场，因为茶饮配品脏脏包而声名鹊起。

用户问题：新茶饮品牌如何通过国潮元素的设计来布局茶饮这个赛道？

乐乐茶采用国潮元素设计，国潮元素是能够形成视觉差异化的流量入口，也使得乐乐茶从视觉上和其他茶饮品牌区分开。国潮风格的设计能够最大限度唤醒消费者的品牌记忆，而跨界营销带来的霸屏流量，引发的不只是对乐乐茶品牌内容的讨论，还带来了品牌价值的延伸。

这几年，从茶饮市场到文具品牌都在与国潮融合，从自然堂的京剧面膜、钟薛高的国风设计到马应龙的故宫风格设计等，国潮的设计风格已经得到年轻消费者的认可。

对于乐乐茶来说，选择国潮风的设计也是品牌自信的表现。茶文化原本就是中国文化的一个代表，新茶饮品牌在文化属性上的回归，能唤醒不同消费场景下的用户，对茶饮消费起到一定的推动作用。

02
细分酸菜鱼消费市场的鱼你在一起

品牌背景：鱼你在一起把传统酸菜鱼小份制和快餐化。2017年1月，鱼你在一起在北京亦庄开了第一家店，同年与新东方烹饪教育达成战略合作。

用户问题：新餐饮品牌是如何做细餐饮消费市场的？

在餐饮市场不断品类细分的今天,鱼你在一起在传统酸菜鱼的大品类里细分出一个更为精准的小品类——"小份制、快餐化酸菜鱼",这样品类的革新也开创了酸菜鱼快餐化的先河,推动了酸菜鱼快餐的全面崛起。两年时间,鱼你在一起门店遍布全国365个城市,成为酸菜鱼行业的标杆品牌。

在传统酸菜鱼基础上,鱼你在一起对产品进行优化,突出产品的"下饭"属性,抢占了新一轮消费赛道,"1份酸菜鱼,能干3碗饭"——这不是夸大的文案宣传,而是品质过硬的表现。

细分消费品类,其实也是产品避免同质化的内在需求,也能形成品牌的差异化。作为2019年中国酸菜鱼十大品牌,鱼你在一起也成为酸菜鱼这个品类的一匹黑马。

03
马云亲点的易改衣的流量借势

品牌背景：易改衣是一款提供在线定制裁缝、上门改衣服务的 App，马云亲点要天猫无忧购平台接入易改衣服务，众多国际奢侈品牌也与它有合作。

用户问题：一个互联网改衣品牌如何获得流量？

易改衣与LV、CK等国际知名品牌有改衣合作，与唯品会、寺库是深度合作关系，也是天猫黏度最高的合作伙伴，并和天猫在杭州开了第一家线下体验店。有了这些背书，用户购买成衣后，需要调整尺寸等，自然会选择易改衣这样的行业专家级品牌。

易改衣借势国际品牌和国内知名品牌，毕竟这些品牌的供应链和合作体系已经得到了广大消费者的认可，利用这些品牌的背书，易改衣建立消费者的信任体系以积累流量。

营销上的流量借势只是完成易改衣的流量积累的第一步，最关键的流量积累还是靠易改衣自身的体系——服务的高标准化和高度敏锐的商业直觉。易改衣签约的裁缝都具备10年以上的改衣经验。易改衣依靠敏锐的商业直觉，利用互联网把这些原本在街边的小摊、小店的潜能无限放大，不仅降低了成本、优化了服务，也提高品牌的价值。

04
熊本熊咖啡的IP流量变现经

品牌背景：2017年1月17日，熊本熊咖啡国内首家店在上海新天地开业，引来了大量粉丝排队。熊本熊是从日本县城走出来的IP，在上海的这家熊本熊咖啡也是日本本国以外的第二家。

用户问题：一个IP咖啡品牌如何实现流量变现？

熊本熊这个IP从一开始就采取不收授权费的推广方式，并推出大量周边产品。

一个IP最大的吸引力是它独立的"人格"魅力，熊本熊IP的拟人化，是它能够迅速走入粉丝内心，激活粉丝对熊本熊"人格"魅力和内容认同的原因。

熊本熊对视觉冲击最强的是那一对腮红，利用这对腮红，日本熊本县政府还策划过一次"寻腮红启事"——熊本熊为了找回丢失的腮红，去了东京警视厅报案。看起来非常荒诞不经的事情，却引发全社会的关注，公司利用该事件进行营销，引爆流量，聚拢人气。

社交媒体对熊本熊这个IP内容的传播和沉淀，使得熊本熊成为日本第一网红，而借助熊本熊IP的流量，熊本熊咖啡成了熊本熊IP流量变现的一条比较顺畅的路径。

熊本熊咖啡沉浸式的场景消费为未来众多IP流量商业变现提供了一条容易实现的途径——通过在消费场景里融入不同的IP设计，激发消费者内心的社交欲望。

05
吃喝研究所引领商超的差异化消费

品牌背景: 吃喝研究所是绿地旗下新零售品牌 G-Super 首家新业态门店,也是绿地对消费升级趋势下的消费者的一次拥抱,让消费者参与食品制作的过程。

用户问题: 一个新零售品牌如何引领商超的差异化消费?

一个好的新零售商超品牌,并不是起一个独一无二的名字那么简单。

吃喝研究所设计了"酿酒区烘焙教室+特色餐饮丰富商品"的特色区域规划,采用沉浸式、一站式吃喝玩乐业态,让消费者的体验和享受达到一种平衡。

不同于盒马鲜生通过活鲜和生鲜来吸引消费者,吃喝研究所没有活鲜和生鲜,它更强调商品与品牌融合的消费场景,在内容组合上打破了常规商超的区域划分,这也是它的核心竞争力。

吃喝研究所在选品上也独辟蹊径——强化本身独有的商品,做差异化。比如,冰激凌品类,就做了一整面墙壁,墙上有将近200个SKU(Stock Keeping Unit,库存量单位)的冰激凌,这在国内的商超中也算是首屈一指。

06

毒App背后隐藏的潮流机会

品牌背景：毒 App 2015 年由虎扑投资开发，早期通过图片社交，为球鞋爱好者提供分享和交流的平台。如今，毒 App 成为国内领先的集正品运动潮流装备交易、球鞋潮牌鉴别、互动图片社区于一体的综合移动互联网平台，在球鞋圈内吸引了一波精准用户。

用户问题：社交电商平台背后到底隐藏了怎样的不可察觉的潮流机会？

在消费升级的大背景下，年轻的消费者已经不满足于单纯的购买消费行为，他们更注重品牌背后的文化和身份象征，毒App就是在这样的背景下产生的。

在毒App这样的社区里，年轻人可以获得更为精准的潮流内容，也能够得到最前沿的潮流信息。

毒App中商品的识别度很高，能精准圈粉。毒App现在的核心用户在一二线城市，未来三四线城市将成为新的用户增长点。

在商品品质方面，相比于传统电商，毒App的"鉴别服务"颠覆了消费者的电商购买体验，让更多消费者在毒App放心购买正品的潮流装备。

根据第六次人口普查数据，"80后"和"90后"人口占全国总人口的46%，"80后"和"90后"是现在消费的主力军。在毒App平台90%以上的用户是"95后"，这些年轻人的消费观念不同于父辈，他们更愿意接受新潮的事物。

消费是需要引领的——引领年轻人，陪伴他们成长，未来才会有变现可能，毒App就是做到了这一点。

07
备受年轻爱宠群体热捧的宠慕

品牌背景：宠慕成立于 2015 年，专注于宠物后事服务。2017 年 6 月，通过民政部特批，宠慕成为全国为数不多的拥有动物尸体无公害处理资质的社会企业，它的定位是中国首家宠物后事服务全链条供应商。

用户问题：宠慕为什么会受到年轻爱宠群体的热捧？

宠物市场一直都是陪伴经济的体现，对于很多忙碌的年轻人来说，宠物成为他们情感寄托的方式之一。在宠物市场火爆的当下，如何让宠物走完它在这个世界上的最后一程，是宠慕这样的品牌存在的意义。

火化已经成为很多年轻人认可的宠物后事处理方式，宠慕作为国内第一家专注宠物后事市场的企业，提供的宠物标本、骨灰宝石等服务。宠慕提供的服务其实也是在帮助年轻人去延续宠物陪伴的情感。

宠慕更多的是通过口碑传播。好好处理宠物的后事，让它们入土为安，宠慕把宠物后事服务做到了极致，这种极致的一站式服务使其受到年轻爱宠群体的喜欢和热捧。

当然，宠物后事行业在国内还处于探索阶段，相关标准还在不断商讨和建立当中，未来，相信会有更多的人重视"宠物善后"这个领域。

08
结合萌系二次元年轻文化的小黄鸭点心茶楼

品牌背景：小黄鸭点心茶楼成立于2016年8月，致力于将中华传统的茶饮及点心文化注入新的气息。发展精品点心，希望为客人提供一个开心快乐的餐饮服务。

用户问题：网红餐饮品牌如何结合萌系二次元年轻文化？

早茶文化是具有广东区域性特色的餐饮文化，在其他地区很少有。小黄鸭点心茶楼把早茶文化去"广东化"，打破了传统茶楼的岭南风格，把萌系的二次元文化注入品牌里。

餐饮IP很多，每个IP都有自己的特色。小黄鸭点心茶楼这个IP依靠萌萌的外形——打破人与人之间的隔离，让人们重新感受没有隔离的童年的温暖，这个理念得到年轻消费群体的认可。

当然，小黄鸭点心茶楼的走红，背后是一种消费价值观的兴起，新一代年轻人不再拘泥于父辈的消费观念。年轻人喝早茶已不仅仅是父辈消费方式的传承，他们更希望创新——消费的同时能产生社交分享和情感上的共鸣。

从传统餐饮到如今餐饮消费的升级，表面上看是产品在变化，背后其实是消费者的需求变化带来的革新。萌系的二次元文化和传统茶楼文化的融合，碰出消费的火花。

09
切入年轻人小酒市场的开山酒

品牌背景：开山酒开创了国内"净香型"白酒的先河，在京东众筹平台发布不到两周，销售额突破百万，是"创业邦 2019 中国创新成长企业 100 强"。

用户问题：在江小白已经渗透小酒市场的情况下，开山酒如何切入一个新的年轻人的小酒市场？

在江小白已经切入年轻人小酒市场的形势下，为什么开山酒还有机会呢？相信这是很多人的疑问。因为开山酒颠覆了传统的白酒酿造工艺，解决了传统白酒的"老、辣、重"的口感痛点，创新产品——"净香型"白酒。

开山酒融合中式美学与现代工艺，激发了年轻人对中国传统文化和美学的关注，通过"中国元素＋国际年轻表达"在年轻人的小酒消费市场里C位出道。

开山酒在市场定位上也区别于已有的白酒品牌，采用了差异化的品牌定位——"新中式先锋白酒"。因为开山酒知道，年轻人不是不喝白酒，而是传统白酒没有给予年轻人喝白酒背后的社交机会。

开山酒并没有走传统白酒的渠道铺货模式，而是利用新的消费群体的认知转变，寻找高端的活动，与KOL合作，从社交体系着手，开拓市场。如今，开山酒已经成为年轻人白酒消费市场里的一匹黑马。

10

把传统点心做得好看又好吃的于小菓

品牌背景：于小菓创始人于进江通过对中国传统文化的研究和解读，复活传统点心的民俗礼仪和节气饮食养生文化，打造出了最佳随手礼，开发出了更多适合国人需求的新中式点心，开创了新中式点心的一种新商业模式。

用户问题：新中式点心品牌如何把传统点心做得好看又好吃？

于小菓的创新设计,让它在新中式点心品类里能够异军突起。利用现代修复文物的技术来修复和还原历史上的月饼造型,精美的模具制作出精美的点心,满足了年轻人消费升级需求和社交需求,获得了不少年轻人的喜欢。

于小菓线下门店选择开在高端的商场,看似高额的运营成本,却因为创新的产品定位和不同的商业形态,为品牌带来了不菲的收益。

于小菓的产品不仅颜值极高,而且健康、便携和新鲜。不同地区的人对于点心的口感接受程度存在差异,因此,于小菓的产品迭代速度也很快。

与众多平台和明星合作,也为于小菓沉淀不少口碑和流量。

在大消费的点心市场里,大品牌并不多,于小菓赋予了点心消费群体仪式感和多场景化的消费理由,同时也改变了消费者对点心的看法和消费态度。

11
抓住女性包月租衣刚性需求的衣二三

品牌背景：衣二三是一款女性时装月租的 App 应用，主打包月租衣服务，以订阅会员制的方式为都市白领女性提供品牌时装的日常租赁，会员只需要支付月租费，即可以在衣二三平台上随心换穿数万款时装。

用户问题：女装月租品牌如何抓住女性包月租衣的需求？

衣二三的消费者大多数是都市的职场女性,她们有一些场景的服装仅仅是单次需求,如果为了单次场景需求而去添置一套衣服,很多人认为这是一种浪费,衣二三的出现解决了这一问题。

租衣有价格优势,因而可以在品牌和款式上最大程度地优化和平衡,解决了女性衣橱闲置衣服过多的问题。

无论是想穿好一点的衣服与朋友聚会,还是约见客户时穿正装的需求,衣二三都可以满足。衣二三里的衣服可租可买,对于用户来说,租是一种体验,体验愉悦之后也会产生购买。

衣二三通过故事内容营销的方式调动了用户的兴趣,用幽默的讲述方法减少了理念革新带来的冲突感;也抓住了女性中产感兴趣的话题,通过设置话题的方式实现了传播上的扩大。

未来所有的消费必须是场景化的,无场景不消费已是趋势。衣二三在产品场景化上的定位是都市中产职场女性,衣二三牢牢抓住了这一群体的心理,在她们中树立了品牌。

12
北京SKP-S重新定义国内百货新零售

品牌背景：北京SKP-S是北京华联等集团投资兴建的一家合资百货公司，是全球最具标志性的时尚奢侈品百货之一，也是时尚生活方式体验地与购物目的地。

用户问题：百货零售品牌如何找到新蓝海？

位于北京大望路的SKP-S商场是国内地段最好的商场之一，周围都是高端酒店和公寓。2019年年底，一天卖出10亿元，让北京SKP-S瞬间火遍社交网络，一天的销售额已经超过很多百货商场一年的销售额。

相比于同是艺术购物中心的北京侨福芳草地和上海K11，SKP-S的设计策略明显更为大胆和超前，装饰品也花费了不少心思。

目前，SKP-S已经成为国内众多百货零售品牌争先学习的对象。品位不俗和超高客单价引发了众多消费者的好奇，如果你想看一下最酷、最能引导消费的商场是什么样子，来SKP-S肯定不会错。

中国年轻一代已经成为奢侈品消费的主要群体，他们更喜欢限量版的奢侈单品，也愿意来SKP-S这样的高端商场去体验。相比于普通商品选择便利的网购，奢侈品还是在线下更容易形成消费闭环。

13
火遍社交媒体的乐纯酸奶

品牌背景： 乐纯酸奶是北京乐纯悠品商贸有限公司旗下产品，创始人希望它能够成为打动人心的创新食品品牌，成为一个既能满足星级餐厅的标准，也能成为每一个人好好吃饭的健康生活伴侣。

用户问题： 快消品牌如何找到年轻新消费群体的社交密码？

很多人觉得网红品牌生命力不长，但乐纯酸奶似乎打破了这一思维惯性，它从一家35平方米日产500盒酸奶的小店发展到如今的日销10万盒酸奶的超级网红快消品牌，也进入了五星级酒店和米其林餐厅，得到了高端渠道的认可——这是对乐纯坚持品质的回馈。

乐纯酸奶在产品层面做到无添加，从而满足消费者对健康的需求；另外，乐纯酸奶的产品迭代都是通过真正的消费者完成的，通过微博和线下进行免费试吃活动，用核心消费者的真实反馈去迭代产品，形成强大的产品优势和口味壁垒。

乐纯酸奶的包装设计也满足年轻人的审美需求，简化的大面积留白设计更符合如今的年轻人的性冷风和极简风偏好。

乐纯酸奶利用产品设计去激发消费者的社交分享欲望，形成了自发的二次传播；利用极简的店名设计去传递和加强消费者对乐纯品牌"纯"的健康认知。

14
把睡眠这件小事慢慢做大的慕斯寝具

品牌背景：慕斯寝具成立于2004年，定位是全球健康睡眠资源整合者，全球专卖店已经突破3 600家。

用户问题：睡眠品牌如何获得消费者的青睐？

如今，年轻消费者更愿意选择自主消费，轰炸式的广告对他们并没有太大的作用。慕斯寝具从睡眠场景切入，采用沉浸式体验服务，利用酒店场景完成体验式服务闭环，让年轻的消费者更愿意购买。

慕斯寝具致力于人体健康睡眠研究，从事整套健康睡眠系统的研发、生产和营销，打造软床行业优秀的国际化品牌。其强大的野心战略的背后，是慕斯寝具的中国"智"造。创新设计每一件的产品，都是紧扣用户的需求。

慕斯寝具区别于大部分床垫品牌的"舒适"定位，创新提出"睡眠系统"概念，形成差异化认知。

在内容营销和流量玩法上，慕斯寝具也不落后。独家冠名刘德华演唱会，切合慕斯寝具的品牌形象；借助刘德华的影响力，唤起人们对于健康睡眠的重视，在年轻人心中种了草。